U0662167

供电企业消防安全典型问题

国网浙江省电力有限公司　组编

GONGDIAN QIYE XIAOFANG ANQUAN
DIANXING WENTI

中国电力出版社
CHINA ELECTRIC POWER PRESS

内 容 提 要

本书主要介绍了供电企业在消防工程建设、消防日常管理及消防应急管理三个方面存在的典型问题 92 个，内容涵盖设计、产品选型、施工、验收备案、持证上岗、维保检测、标志标识、消防档案、防火检查、应急预案管理、微型消防站建设、灭火及疏散、火灾调查等。针对每一个典型问题，明确了当前现行法律法规、标准规范的具体要求。

本书可供供电企业消防安全管理人员、班组一线人员参考使用。

图书在版编目（CIP）数据

供电企业消防安全典型问题／国网浙江省电力有限公司组编. —北京：中国电力出版社，2020.11

ISBN 978-7-5198-4987-0

Ⅰ.①供… Ⅱ.①国… Ⅲ.①供电－工业企业－消防管理 Ⅳ.① TM72

中国版本图书馆 CIP 数据核字（2020）第 182347 号

出版发行：中国电力出版社
地　　址：北京市东城区北京站西街 19 号（邮政编码 100005）
网　　址：http://www.cepp.sgcc.com.cn
责任编辑：刘丽平　王蔓莉
责任校对：黄　蓓　王海南
装帧设计：张俊霞
责任印制：石　雷

印　　刷：北京博海升彩色印刷有限公司
版　　次：2020 年 11 月第一版
印　　次：2020 年 11 月北京第一次印刷
开　　本：880 毫米 ×1230 毫米　32 开本
印　　张：3.125
字　　数：62 千字
印　　数：0001－3000 册
定　　价：25.00 元

编委会

前言

PREFACE

　　供电企业消防安全事关电网安全稳定运行、国计民生有序快速发展。消防专业是一个综合性专业，具备相对完整的法律体系、标准体系以及规章制度，需要进行专业化管理。但现有专职、兼职消防安全管理人员存在法规制度不熟悉、标准规范掌握不全面现象，无法有效发现深层次、隐蔽性、系统性问题，消防安全管理提升面临较大困难。

　　为进一步加快消防安全管理人员"四个能力"建设，国网浙江省电力有限公司组织编写了《供电企业消防安全典型问题》一书，结合生产调度大楼、变电站、高层办公场所、发电厂等典型场所消防安全评估、消防安全隐患专项治理、日常消防安全检查等，从消防工程建设、消防日常管理以及消防应急管理三个方面梳理出常见的典型问题，并依据法律、法规和规章制度，明确了具体要求。本书全面覆盖了当前消防安全管理的各个方面，对日常消防检查和消防安全管理具有较强的指导意义。

　　鉴于编者水平有限，书中如有疏漏，敬请批评指正！

编者

2020 年 9 月

目 录
CONTENTS

第一章
消防工程建设典型问题
CHAPTER 1

第一节
消防设计

消防设计应遵守《中华人民共和国消防法》(主席令第 29 号)第九条规定：建设工程的消防设计、施工必须符合国家工程建设消防技术标准。建设、设计、施工、工程监理等单位依法对建设工程的消防设计、施工质量负责。

问题 1 消防安全重点部位如通信机房、主控室、蓄电池室等未安装火灾报警探测器。

通信机房内未安装火灾报警探测器 ✗

通信机房屋顶上方安装火灾报警探测器 ✓

相关规定：

依据《火力发电厂与变电站设计防火规范》(GB 50229—2019)第 11.5.25 条，控制室、配电装置室、可燃介质电容器室、继电器室、通信机房应设置火灾自动报警系统。

问题 2 可燃气体报警系统、气体灭火系统报警信号未传至消防控制室。

可燃气体报警系统报警信号未传至消防控制室

✕

各类报警信号均传至消防控制室

✓

相关规定：

依据《火灾自动报警系统设计规范》（GB 50116—2013）第 8.1.4 条，可燃气体报警控制器的报警信息和故障信息，应在消防控制室图形显示装置或起集中控制功能的火灾报警控制器上显示。

依据《气体灭火系统设计规范》（GB 50370—2005）第 5.0.7 条，设有消防控制室的场所，各防护区灭火控制系统的有关信息应传送给消防控制室。

问题 3 主变压器集油坑、高压套管无喷头保护。

集油坑无下层喷头保护 ✕

集油坑设有喷头保护 ✓

高压套管无喷头保护 ✕

独立喷头保护

高压套管有喷头保护 ✓

相关规定：

依据《水喷雾灭火系统技术规范》(GB 50219 — 2014)第 3.2.5 条，当保护对象为油浸式电力变压器时，水雾喷头的布置应符合下列要求：变压器绝缘子升高座孔口、油枕、散热器、集油坑应设水雾喷头保护。

问题 4 动力电缆与控制电缆混放，且之间无防火隔离措施。

动力电缆与控制电缆混放，无防火隔离措施 ✗

隔离措施之一：动力电缆、控制电缆间加装防火槽盒 ✓

相关规定：

依据《火力发电厂与变电站设计防火规范》（GB 50229—2019）第 11.4.6 条，220kV 及以上变电站，当电力电缆与控制电缆或通信电缆敷设在同一电缆沟或电缆隧道内时，宜采用防火隔板进行分隔。

依据《电力设备典型消防规程》（DL 5027—2015）10.5.12 条，施工中动力电缆与控制电缆不应混放、分布不均及堆积乱放。在动力电缆与控制电缆之间，应设置层间耐火隔板。

安全出口缺少疏散指示标志。

疏散门上方未装设安全出口标志 ✗

疏散门上方装设安全出口标志 ✓

相关规定：

依据《建筑设计防火规范》（GB 50016 —2014）第 10.3.5 条，公共建筑、建筑高度大于 54m 的住宅建筑、高层厂房（库房）和甲、乙、丙类单、多层厂房，应设置灯光疏散指示标志，并应符合下列规定：应设置在安全出口和人员密集场所的疏散门的正上方。

问题 6 电缆通道无防火分隔或防火墙间距过大。

变电站外电缆隧道超过 200m 未设置防火分隔

✕

电缆隧道规定距离内设置防火墙，加设防火门

✓

相关规定：

依据《电力设备典型消防规程》（DL 5027—2015）第 10.5.14 条，电缆隧道的下列部位宜设置防火分隔，采用防火墙上设置防火门的形式：①电缆进出隧道的出入口及隧道分支处；②电缆隧道位于电厂、变电站内时，间隔不大于 100m 处；③电缆隧道位于电厂、变电站外时，间隔不大于 200m 处；④长距离电缆隧道通风区段处，且间隔不大于 500m；⑤电缆交叉、密集部位，间隔不大于 60m。

问题 7

蓄电池多组存放，之间无防火隔断。

蓄电池多组存放，未设防火隔断

蓄电池多组存放，设置防火隔断

相关规定：

依据《电力设备典型消防规程》（DL 5027—2015）第10.6.1.3 条，蓄电池室每组宜布置在单独的室内，如确有困难，应在每组蓄电池之间设耐火时间大于 2.0h 的防火隔断。

问题 8

无人值守变电站火灾自动报警系统信号未上传至监控后台。

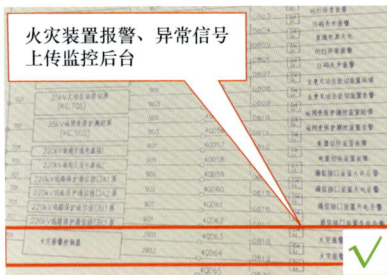

火灾装置报警、异常信号上传监控后台

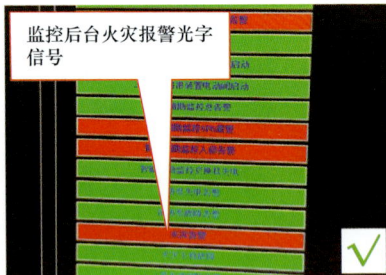

监控后台火灾报警光字信号

相关规定：

依据《电力设备典型消防规程》(DL 5027—2015)第 6.3.8 条，火灾自动报警系统应接入本单位或上级 24h 有人值守的消防监控场所，并有声光警示功能。

问题 9 消防水泵仅一路供电，无备用电源。

水泵控制柜仅一路电源供电 ✗

水泵采用双路电源供电 ✓

相关规定：

依据《建筑设计防火规范》(GB 50016—2014) 10.1.8 条，消防控制室、消防水泵房、防烟和排烟风机房的消防用电设备及消防电梯等的供电，应在其配电线路的最末一级配电箱处设置自动切换装置。消防水泵作为水泵房内的重要用电设备，要求双路供电。

问题 10 消防主机无蓄电池备用电源。

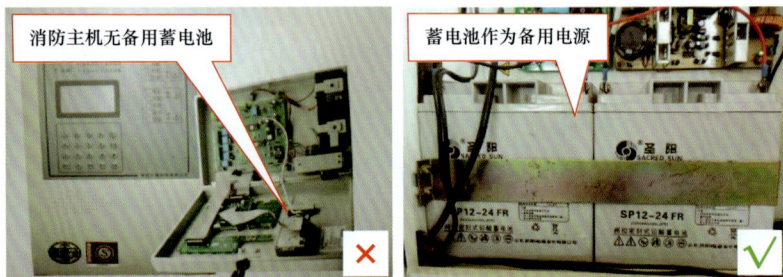

消防主机无备用蓄电池

蓄电池作为备用电源

相关规定：

依据《火灾自动报警系统设计规范》（GB 50116—2013）第 10.1.1 条，火灾自动报警系统应设置交流电源和蓄电池备用电源。

第二节
消防产品选型

消防产品选型应遵守《中华人民共和国消防法》（主席令第 29 号）第二十四条规定：

消防产品必须符合国家标准；没有国家标准的，必须符合行业标准。禁止生产、销售或者使用不合格的消防产品以及国家明令淘汰的消防产品。

依法实行强制性产品认证的消防产品，由具有法定资质的认证机构按照国家标准、行业标准的强制性要求认证合格后，方可生产、销售、使用。实行强制性产品认证的消防产品目录，由国务院产品质量监督部门会同国务院应急管理部门制定并公布。

新研制的尚未制定国家标准、行业标准的消防产品，应当按照国务院产品质量监督部门会同国务院应急管理部门规定的办法，经技术鉴定符合消防安全要求后，方可生产、销售、使用。

问题 11 变电站水喷雾系统喷头选型与设计不符。

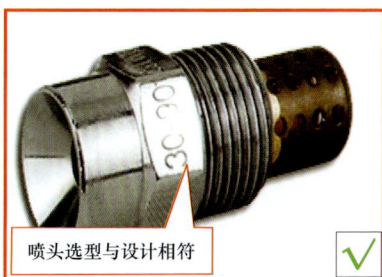

喷头设计流量系数为 30，实际为 16 ✗

喷头选型与设计相符 ✓

相关规定：

依据《水喷雾灭火系统技术规范》（GB 50219—2014）第 8.1.3 条，系统的施工应按经审核批准的设计施工图、技术文件和相关技术标准的规定进行。水雾喷头分类及规格型号详见本书附表 1。

消防泵、稳压泵改造时未选用消防产品。

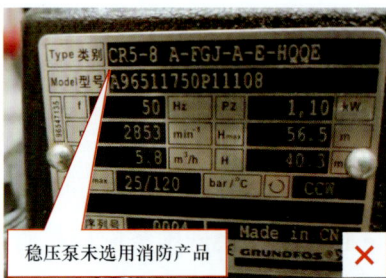

稳压泵未选用消防产品 ✕

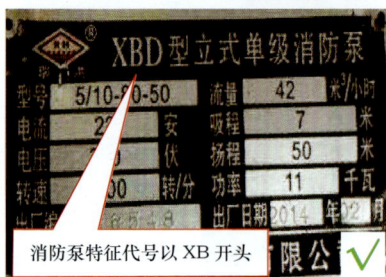

消防泵特征代号以 XB 开头 ✓

相关规定：

依据《消防给水及消火栓系统技术规范》（GB 50974—2014）第 1.0.4 条，工程中采用的消防给水及消火栓系统的组件和设备等应为符合国家现行有关标准和准入制度要求的产品。

依据《消防泵》（GB 6245—2006）第 4.2.3 条，工程消防泵特征代号应以 XB 开头。消防泵规格型号详见本书附表 2。

问题 13　蓄电池室、高压配电室、继电器室、通信机房等门未采用防火门或防火门等级不合格，火灾发生后无法起到防火功能。

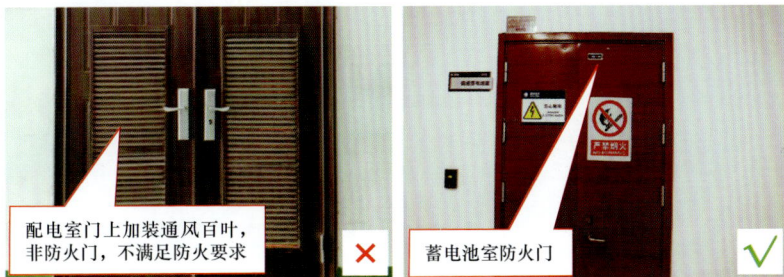

配电室门上加装通风百叶，非防火门，不满足防火要求　❌

蓄电池室防火门　✅

相关规定：

依据《火力发电厂与变电站设计防火规范》（GB 50229—2019）第11.2.4条，地上油浸变压器室的门应直通室外；地下油浸变压器室门应向公共走道方向开启，该门应采用甲级防火门；干式变压器室、电容器室门应向公共走道方向开启，该门应采用乙级防火门；蓄电池室、电缆夹层、继电器室、通信机房、配电装置室的门应向疏散方向开启，当门外为公共走道或其他房间时，该门应采用乙级防火门。

《防火门》（GB 12955—2008）规定的防火门规格型号及使用场所见本书附表3和附表4。

问题 14　蓄电池室照明灯具、火灾探测器、空调、通风机等未采用防爆设备或防爆等级不足。

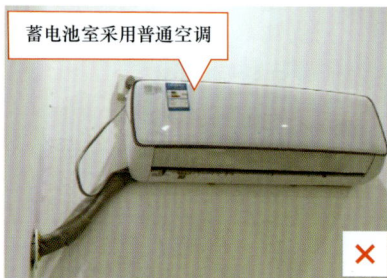

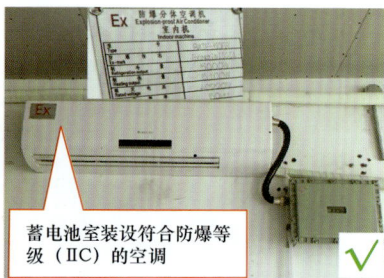

蓄电池室采用普通空调

蓄电池室装设符合防爆等级（ⅡC）的空调

相关规定：

依据《爆炸危险环境电力装置设计规范》（GB 50058—2014）附录 B.23，蓄电池室内的照明灯具、火灾探测器、空调、摄像机、通风机等应采用防爆设备，防爆级别应为ⅡC级。设备防爆标识及防爆级别详见本书附表 5。

问题 15　门厅疏散门仅采用电动平移门。

疏散门仅采用电动平移门

门厅疏散门除电动平移门外还加装平开门

依据《建筑设计防火规范》（GB 50016—2014）第 6.4.11 条，民用建筑和厂房的疏散门应采用向疏散方向开启的平开门，不应采用推拉门、卷帘门、吊门、转门和折叠门。

疏散门是房间直接通向疏散走道的房门、直接开向疏散楼梯间的门（如住宅的户门）或室外的门。

问题 16 应急疏散照明选用带有普通插头的灯具。

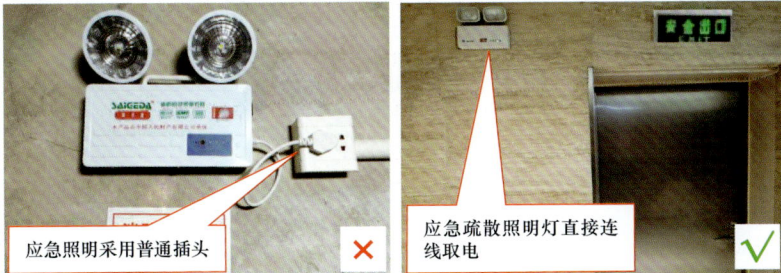

应急照明采用普通插头 ✕

应急疏散照明灯直接连线取电 ✓

依据《民用建筑电气设计规范》（JGJ 16—2008）第 10.7.11 条，备用照明、疏散照明的回路上不应设置插座。

依据《消防应急照明和疏散指示系统技术标准》（GB 51309—2018）第 4.5.5 条，当自带电源型灯具采用插头连接时，应采用专用工具方可拆卸。

问题 17 地下建筑疏散走道墙面、地面采用可燃材料装修。

疏散走道墙面、地面采用可燃材料 ✕

疏散走道墙面、地面采用不燃材料 ✓

相关规定：

依据《建筑内部装修设计防火规范》（GB 50222—2017）第4.0.4条，地上建筑的水平疏散走道和安全出口的门厅，其顶棚应采用不燃装修材料，其他部位应采用不低于阻燃级的装修材料；地下民用建筑的疏散走道和安全出口的门厅，其顶棚、墙面和地面均应采用不燃装修材料。

第三节
消防施工

消防施工应遵守《中华人民共和国消防法》（主席令第 29 号）第九条的规定：建设工程的消防设计、施工必须符合国家工程建设消防技术标准。建设、设计、施工、工程监理等单位依法对建设工程的消防设计、施工质量负责。

问题 18 隐蔽式喷头溅水盘无法伸出吊顶、盖板无法脱落、溅水盘被装修涂料涂覆。

隐蔽式喷头无法伸出吊顶，溅水盘被涂覆　✗

隐蔽式喷头盖板可正常脱落，伸出吊顶适当距离　✓

相关规定：

依据《自动喷水灭火系统施工及验收规范》（GB 50261—2017）第 5.2.2 条，喷头安装时，不应对喷头进行拆装、改动，并严禁给喷头、隐蔽式喷头的装饰盖板附加任何装饰性涂层。

依据《自动喷水灭火系统施工及验收规范》（GB 50261—2017）第 5.2.6 条，系统采用隐蔽式喷头时，配水支管的标高和吊顶的开口尺寸应准确控制。盖板应能在动作温度下自动脱落；喷头溅水盘应能伸出吊顶适当距离。

问题 19 吊顶内防火卷帘未延伸至梁、楼板或屋面板的底面基层，防火卷帘无法降至地面。

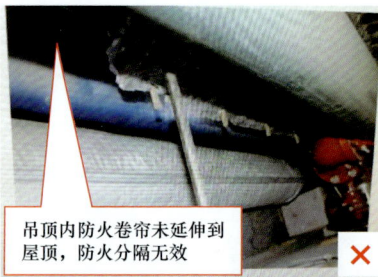

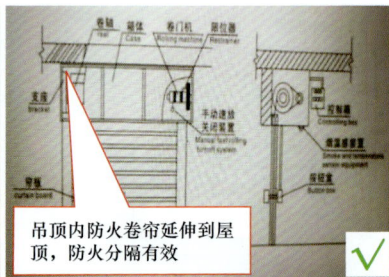

吊顶内防火卷帘未延伸到屋顶，防火分隔无效 ✗

吊顶内防火卷帘延伸到屋顶，防火分隔有效 ✓

防火卷帘无法降至地面 ✗

防火卷帘可降至地面 ✓

相关规定：

依据《建筑设计防火规范》（GB 50016—2014）第 6.2.4 、6.5.3 条，建筑内的防火隔墙应从楼地面基层隔断至梁、楼板或屋面板的底面基层。防火卷帘应具有防烟性能，与楼板、梁、墙、柱之间的空隙应采用防火封堵材料封堵。

依据《防火卷帘、防火门、防火窗施工及验收规范》（GB 50877—2014）第 5.2.3 条，防火卷帘座板与地面应平行，接触应均匀。

问题 20 消防设施工程施工单位无施工资质或资质不符。

厂家具有维保资质，但不具备消防施工资质

消防设施施工具备二级消防施工资质

相关规定：

依据《中华人民共和国建筑法》（主席令第 29 号）第二十六条，承包建筑工程的单位应当持有依法取得的资质证书，并在其资质等级许可的业务范围内承揽工程。

依据《建筑业企业资质管理规定》（住房和城乡建设部令第 22 号）第六条、《建筑业企业资质标准》（建市〔2014〕159 号），消防设施工程专业承包资质分为一级、二级。一级资质可承担各类型消防设施工程的施工。二级资质可承担单体建筑面积 5 万 m^2 以下的下列消防设施工程的施工：①一类高层民用建筑以外的民用建筑；②火灾危险性丙类以下的厂房、仓库、储罐、堆场。

问题 21 电缆穿越防火分隔处无防火封堵、防火封堵不完整或未涂刷防火涂料。

电缆无防火封堵 ✕

电缆防火封堵完整 ✓

电缆无防火涂料 ✕

电缆防火涂料均匀 ✓

相关规定：

依据《电力工程电缆设计标准》（GB 50217—2018）第7.0.2条，电缆构筑物中电缆引至电气柜、盘或控制屏、台的开孔部位，电缆贯穿隔墙、楼板的孔洞处，工作井中电缆管孔等均应实施防火封堵。

依据《电缆防火措施设计和施工验收标准》（DLGJ 154—2000）第5.5.3条，阻火墙两侧不小于1.5m的电缆宜缠绕自黏性防火包带、涂刷防火涂料或采取防火隔板分隔。

问题 22 钢制防火门门框未按照规范要求填充水泥砂浆。

钢制防火门门框内未填充水泥砂浆

钢制防火门门框灌浆填充完整

✕ ✓

相关规定：

依据《防火卷帘、防火门、防火窗施工及验收规范》（GB 50877—2014）第 5.3.8 条，钢制防火门门框内应填充水泥砂浆。

问题 23 吊顶内部分电气线路裸露，无接线盒、无穿管保护。

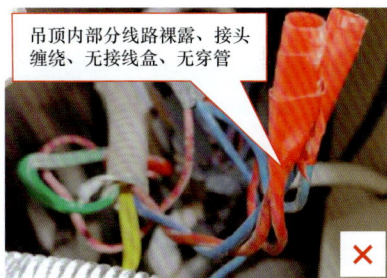

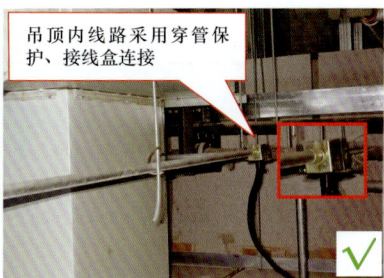

吊顶内部分线路裸露、接头缠绕、无接线盒、无穿管

吊顶内线路采用穿管保护、接线盒连接

✕ ✓

依据《建筑设计防火规范》（GB 50016—2014）第 10.2.3 条，配电线路敷设在有可燃物的闷顶、吊顶内时，应采取穿金属导管、采用封闭式金属槽盒等防火保护措施。

依据《建筑电气工程施工质量验收规范》（GB 50303—2015）第 17.2.3 条，截面积 6mm^2 及以下铜芯导线间的连接应采用导线连接器或缠绕搪锡连接。

问题 24 水喷雾系统主变压器本体保护喷头安装方向错误。

本体保护喷头对准主变压器

本体保护喷头未对准本体，方向向下 ✕

√

依据《水喷雾灭火系统技术规范》（GB 50219—2014）第 3.2.1 条，喷头的布置应使水雾直接喷向并覆盖保护对象。

问题 25 电缆桥架内的缆式线型感温电缆未按"S"形敷设。

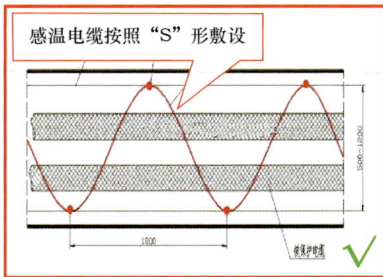

感温电缆接近直线敷设 ✗

感温电缆按照"S"形敷设 ✓

相关规定：

依据《火灾自动报警系统设计规范》（GB 50116—2013）第 12.3.4 条，缆式线型感温火灾探测器应采用"S"形布置在每层电缆的上表面。

问题 26 疏散门未向疏散方向开启。

疏散门未向疏散方向开启 ✗

疏散门开向疏散方向 ✓

相关规定：

依据《建筑设计防火规范》（GB 50016—2014）第 6.4.11 条，民用建筑和厂房的疏散门应采用向疏散方向开启的平开门。除甲、乙类生产车间外，人数不超过 60 人且每樘门的平均疏散人数不超过 30 人的房间，其疏散门的开启方向不限。

问题 27 高压电缆中间接头处附近电缆未缠绕防火包带。

接头附近电缆未缠绕防火包带

接头附近电缆缠绕防火包带

相关规定：

依据《电缆防火措施设计和施工验收标准》（DLGJ 154—2000）第 5.4.12 条，电缆中间接头处在两侧电缆各约 3m 区段和该范围并列的其他电缆上应缠绕自黏性防火包带。

问题 28　排烟井道内敷设控制线路及电缆。

排烟井道内敷设电气控制线路

✗

排烟井道内无线路

✓

相关规定：

依据《火灾自动报警系统设计规范》（GB 50116—2013）第11.2.2 条，火灾自动报警系统的供电线路、消防联动控制线路应采用耐火铜芯电线电缆，报警总线、消防应急广播和消防专用电话等传输线路应采用阻燃或阻燃耐火电线电缆。排烟井道是火灾时高温烟气的通道，因此不应敷设线路。

问题 29 侧墙排烟口距顶棚较远，超出 0.5m。

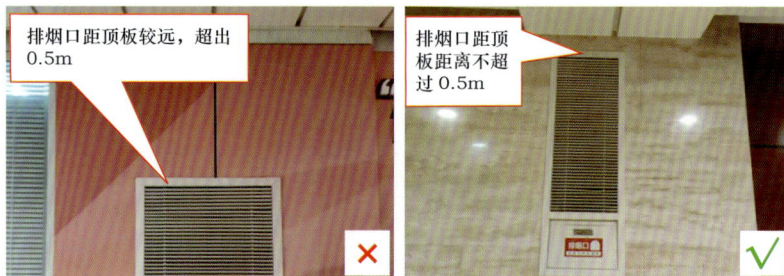

排烟口距顶板较远，超出 0.5m

排烟口距顶板距离不超过 0.5m

相关规定：

依据《建筑防烟排烟系统技术标准》（GB 51251—2017）第 4.4.12 条，排烟口设置在侧墙时，吊顶与其最近边缘的距离不应大于 0.5m。

问题 30 弱电井内电气线路敷设杂乱无章。

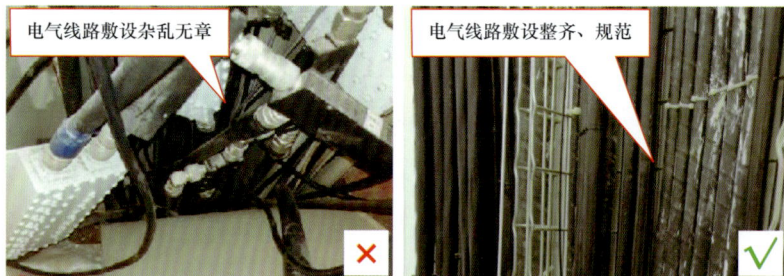

电气线路敷设杂乱无章

电气线路敷设整齐、规范

依据《建筑电气工程施工质量验收规范》（GB 50303—2015）第 13.2.2 条，电缆的敷设排列应顺直、整齐，并宜少交叉。

问题 31 蓄电池室内设置有开关。

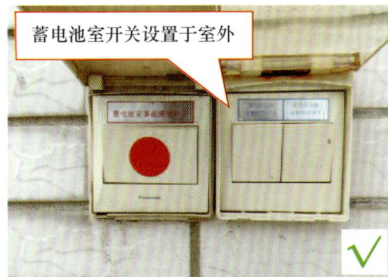

蓄电池室内设置有开关

✗

蓄电池室开关设置于室外

✓

依据《电气装置安装工程蓄电池施工及验收规范》（GB 50172—2012）第 3.0.7 条，蓄电池室应采用防爆型灯具、通风电机，室内照明线应采用穿管暗敷，室内不得装设开关和插座。

问题 32 消防主机电源配电柜内接有较多非消防设备。

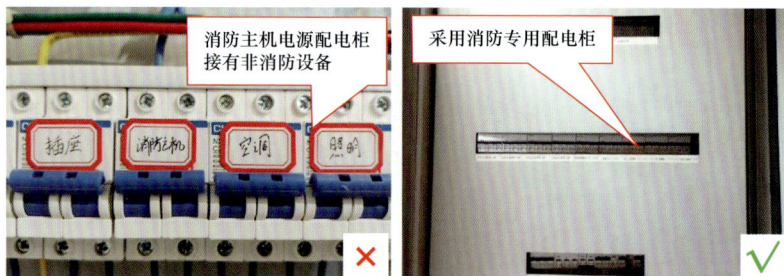

消防主机电源配电柜接有非消防设备

采用消防专用配电柜

相关规定：

依据《火灾自动报警系统设计规范》（GB 50116—2013）第10.1.6 条，消防用电设备应采用专用的供电回路，其配电设备应设有明显标志。

第四节
消防验收备案

消防验收备案时应遵守以下规定：

（1）《中华人民共和国消防法》（主席令第 29 号）第十一条：国务院住房和城乡建设主管部门规定的特殊建设工程，建设单位应当将消防设计文件报送住房和城乡建设主管部门审查，住房和城乡建设主管部门依法对审查的结果负责。

（2）《中华人民共和国消防法》（主席令第 29 号）第十三条：国务院住房和城乡建设主管部门规定应当申请消防验收的建设工程竣工，建设单位应当向住房和城乡建设主管部门申请消防验收。

（3）《建设工程消防设计审查验收管理暂行规定》（住建部令第 51 号）给出了需要进行消防设计审核、验收的特殊建设工程，详见本书附表 6。

（4）《建设工程消防设计审查验收管理暂行规定》（住建部令第 51 号）第三十二条：其他建设工程，建设单位申请施工许可或者申请批准开工报告时，应当提供满足施工需要的消防设计图纸及技术资料。

（5）《建设工程消防设计审查验收管理暂行规定》（住建部令第 51 号）第三十三条：对其他建设工程实行备案抽查制度。第三十四条：其他建设工程竣工验收合格之日起五个工作日内，建设单位应当报消防设计审查验收主管部门备案。

问题 33 新建设工程未依法依规进行消防设计、审核、验收或备案，导致无法正常投入运行。

相关规定：

依据《中华人民共和国消防法》（主席令第 29 号）第十一条：国务院住房和城乡建设主管部门规定的特殊建设工程，建设单位应当将消防设计文件报送住房和城乡建设主管部门审查。

第十二条：特殊建设工程未经消防设计审查或者审查不合格的，建设单位、施工单位不得施工；其他建设工程，建设单位未提供满足施工需要的消防设计图纸及技术资料的，有关部门不得发放施工许可证或者批准开工报告。

第十三条：国务院住房和城乡建设主管部门规定应当申请消防验收的建设工程竣工，建设单位应当向住房和城乡建设主管部门申请消防验收。依法应当进行消防验收的建设工程，未经消防验收或者消防验收不合格的，禁止投入使用；其他建设工程经依法抽查不合格的，应当停止使用。

问题 34 新建变电工程虽经消防设计审查，但未经消防验收。

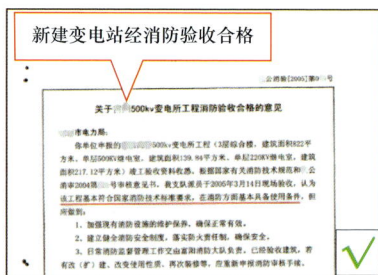

新建变电站未经消防验收 ❌

新建变电站经消防验收合格 ✅

相关规定：

依据《建设工程消防设计审查验收管理暂行规定》（住建部令第 51 号）第十四条，电力调度楼、大型发电、变配电工程建设单位应当向消防设计审查验收主管部门申请消防设计审查，并在建设工程竣工后向消防设计审查验收主管部门申请消防验收。

问题35 建设工程消防设计已通过审查，但是施工时擅自改变建筑结构，改变消防设计，未重新设计审查导致验收未通过，无法投入使用。

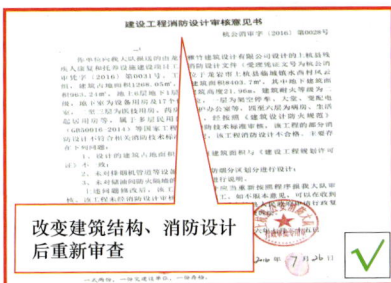

擅自增加楼层数量，消防未经重新设计审查 ✕

改变建筑结构、消防设计后重新审查 ✓

相关规定：

依据《建设工程消防设计审查验收管理暂行规定》（住建部令第51号）第二十五条，建设、设计、施工单位不得擅自修改经审查合格的消防设计文件。确需修改的，建设单位应当依照本规定重新申请消防设计审查。

问题 36　宾馆饭店装修工程，未经消防设计审查、验收或备案。

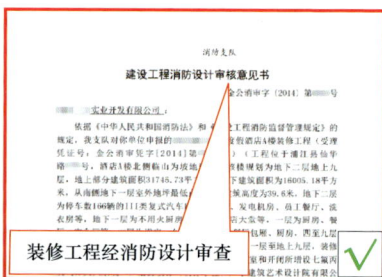

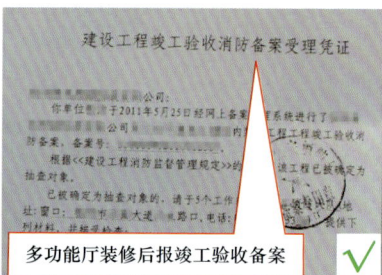

宾馆超过 10000m² 的装修工程，未经消防设计审查、验收

装修工程经消防设计审查

不足 10000m²、超过 300m² 的多功能厅装修未经消防竣工验收备案

多功能厅装修后报竣工验收备案

相关规定：

依据《建筑工程施工许可管理办法》（住建部令第 18 号）第二条第二款，投资额在 30 万元及以上或者建筑面积在 300m² 以上的建筑工程，应申请办理施工许可证。

依据《中华人民共和国消防法》（主席令第 29 号）第十一条，国务院住房和城乡建设主管部门规定的特殊建设工程，建设单位应当将消防设计文件报送住房和城乡建设主管部门审查，住房和城乡建设主管部门依法对审查的结果负责。

前款规定以外的其他建设工程，建设单位申请领取施工许可证或者申请批准开工报告时应当提供满足施工需要的消防设计图纸及技术资料。

依据《建设工程消防设计审查验收管理暂行规定》（住建部令第 51 号）第三十二条，其他建设工程，建设单位申请施工许可或者申请批准开工报告时，应当提供满足施工需要的消防设计图纸及技术资料。未提供满足施工需要的消防设计图纸及技术资料的，有关部门不得发放施工许可证或者批准开工报告。第三十四条：其他建设工程竣工验收合格之日起五个工作日内，建设单位应当报消防设计审查验收主管部门备案。

问题 37　消防重点场所如电力调度大楼用房功能改变，将仓库改为通信机房，未经消防设计审查验收。

相关规定：

依据《建设工程消防设计审查验收管理暂行规定》（住建部令第 51 号）第二十五条，建设、设计、施工单位不得擅自修改经审查合格的消防设计文件。确需修改的，建设单位应当依照本规定重新申请消防设计审查。

对于消防安全重点场所，建筑用房使用性质发生改变后，对应用途的建筑耐火等级、防火分隔、消防设备设施规范要求均发生变化，因此需重新设计审查验收。

改扩建工程如变电站主变压器喷淋由水系统改为泡沫系统、灭火系统二次回路改造、消防水池扩容等未经消防设计重新审查、验收。

水系统改为泡沫系统未经消防设计重新审查、验收

主变压器灭火系统二次回路改造未经消防设计重新审查、验收

更改消防系统经消防设计重新审查并验收合格

建筑工程消防验收意见书

■公消■（20 ）■号

关于220kV■■变电所变压器主变"SP"泡沫喷淋灭火装置消防验收合格的意见

■■市电力局：

11月26日，市公安消防机构对你单位的220kV■■变电所主变"SP"泡沫喷淋灭火装置进行消防验收，对照国家有关消防法规、技术标准，该工程验收合格。

你单位应建立健全消防安全管理制度，落实消防安全责任制；并加强消防设施的定期维修保养工作，已经验收的建筑如有改建、内部装修和用途变更等情况，应向公安消防机构重新申报审批。

相关规定：

依据《建设工程消防设计审查验收管理暂行规定》（住建部令第51号）第二十五条，建设、设计、施工单位不得擅自修改经审查合格的消防设计文件。确需修改的，建设单位应当依照本规定重新申请消防设计审查。

对于变电站等消防安全重点场所，由水喷淋系统改为泡沫系统、灭火二次回路改造，属于重大消防设计改变，因此需重新设计审查验收。

第二章
消防日常管理典型问题
CHAPTER 2

第一节
消防培训持证上岗

安排消防培训、持证上岗时，应遵守以下规定：

（1）《中华人民共和国消防法》（主席令第 29 号）第十七条消防安全重点单位应对职工进行岗前消防安全培训，定期组织消防安全培训和消防演练。第二十一条：进行电焊、气焊等具有火灾危险作业的人员和自动消防系统的操作人员，必须持证上岗，并遵守消防安全操作规程。

（2）《机关、团体、企业、事业单位消防安全管理规定》（公安部令第 61 号）第三十八条：下列人员应当接受消防安全专门培训：单位的消防安全责任人、消防安全管理人；专、兼职消防管理人员；消防控制室的值班、操作人员。

（3）《社会消防安全教育培训规定》（公安部令第 109 号）第十四条：单位应对在岗的职工每年至少进行一次消防安全培训。

（4）《消防救援局关于贯彻实施国家职业技能标准〈消防设施操作员〉的通知》（应急消〔2019〕154 号）要求，监控、操作设有联动控制设备的消防控制室和从事消防设施检测维修保养的人员，应持中级（四级）及以上消防设施操作员证或建（构）筑物消防员证（证件类别、从事工作、证书等级详见本书附表 7）。

问题 39 消控室值班人员无证上岗或持社会培训机构颁发的培训证或结业证。

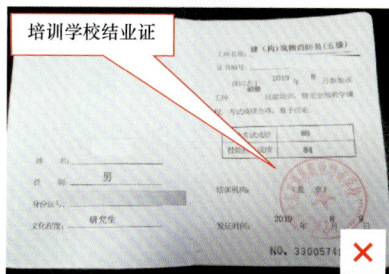

消控室值班人员无证上岗 ✗

消防职业资格证书 ✓

培训学校结业证 ✗

人力资源和社会保障部颁发 ✓

相关规定：

依据《中华人民共和国消防法》（主席令第 29 号）第二十一条，自动消防系统的操作人员，必须持证上岗，并遵守消防安全操作规程。

《消防救援局关于贯彻实施国家职业技能标准〈消防设施操作员〉的通知》（应急消〔2019〕154 号）要求，监控、操作设有联动控制设备的消防控制室，应持中级（四级）及以上消防设施操作员证或建（构）筑物消防员证。

问题 40　两名消控室值班人员仅 1 人持证。

消控室两人值班，仅 1 人持证　✗

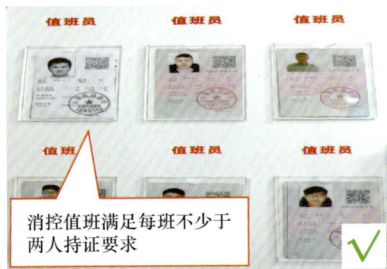

消控值班满足每班不少于两人持证要求　✓

相关规定：

依据《消防安全责任制实施办法》（国办发〔2017〕87 号）第十五条，机关、团体、企业、事业等单位设有消防控制室的，实行 24 小时值班制度，每班不少于两人，并持证上岗。

问题 41　消防维保或检测人员无相应资格证书。

维保人员无证上岗或资质不符　✗

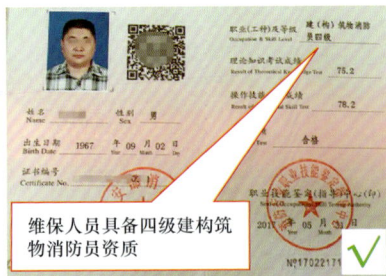

维保人员具备四级建构物消防员资质　✓

依据《消防救援局关于贯彻实施国家职业技能标准〈消防设施操作员〉的通知》（应急消〔2019〕154 号），从事消防设施检测维修保养的人员，应持中级（四级）及以上消防设施操作员证或建（构）筑物消防员证。

问题 42 新进员工未接受岗前消防安全培训。

相关规定：

依据《中华人民共和国消防法》（主席令第 29 号）第十七条，对职工进行岗前消防安全培训，定期组织消防安全培训和消防演练。

问题 43 单位未每年对员工开展消防安全培训。

相关规定：

依据《社会消防安全教育培训规定》（公安部令第 109 号）第十四条，单位应对在岗的职工每年至少进行一次消防安全培训。

问题 44 消防安全责任人、消防安全管理人未接受消防安全专门培训。

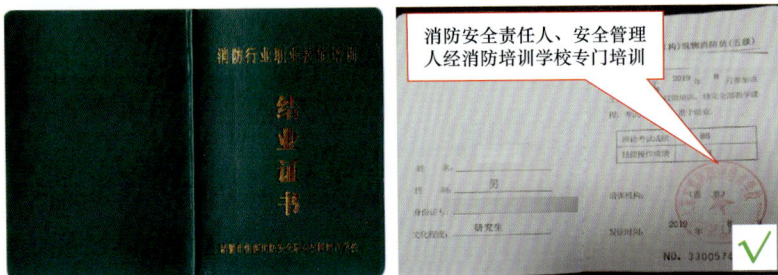

消防安全责任人、安全管理人经消防培训学校专门培训

相关规定：

依据《机关、团体、企业、事业单位消防安全管理规定》（公安部令第 61 号）第三十八条，单位的消防安全责任人、消防安全管理人应当接受消防安全专门培训。

消防安全专门培训是指消防机构或其他具有消防安全培训资质的机构组织的专业消防安全培训。

第二节
消防维保检测

消防维保检测时，应遵守《中华人民共和国消防法》（主席令第 29 号）第十六条规定：机关、团体、企业、事业等单位应按照国家标准、行业标准配置消防设施、器材，设置消防安全标志，并定期组织检验、维修，确保完好有效。

问题 45 无消防设施维护保养记录。

依据《建筑消防设施的维护管理》（GB 25201—2010）第9.1.4条，实施建筑消防设施的维护保养时，应填写《建筑消防设施维护保养记录表》并进行相应功能试验。

问题 46 消防维保项目不全，缺少联动试验核心内容。

水喷淋系统未做联动试验

消防维保项目齐全

相关规定：

依据《建筑消防设施的维护管理》（GB 25201—2010）第 9.1.1 条，建筑消防设施维护保养应制订计划，列明消防设施的名称、维护保养的内容和周期。

依据《建筑消防设施的维护管理》（GB 25201—2010）第 9.1.4 条，实施建筑消防设施的维护保养时，应填写《建筑消防设施维护保养记录表》并进行相应功能试验，确保项目齐全。

问题 47 消防主机自检异常。

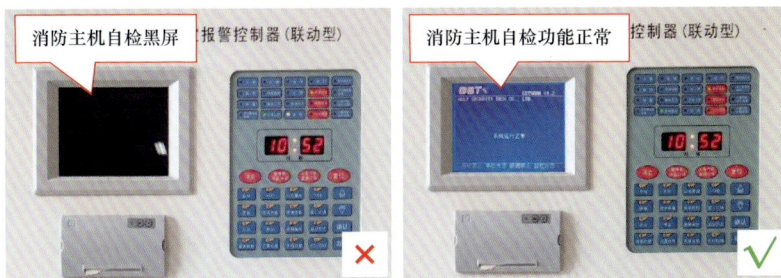

消防主机自检黑屏 | 报警控制器（联动型）
消防主机自检功能正常 | 控制器（联动型）

相关规定：

依据《火灾自动报警系统施工及验收规范》（GB 50166—2019）第 6.0.3 条，系统应保持连续正常运行，不得随意中断。

问题 48 火灾报警探测器保护罩未摘除。

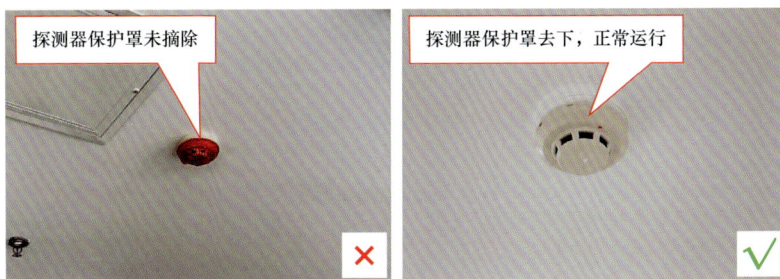

探测器保护罩未摘除

探测器保护罩去下，正常运行

依据《机关、团体、企业、事业单位消防安全管理规定》（公安部令第 61 号）第二十七条，单位应当按照建筑消防设施检查维修保养有关规定的要求，对建筑消防设施的完好有效情况进行检查和维修保养。

问题 49 消火栓无水或水压不足。

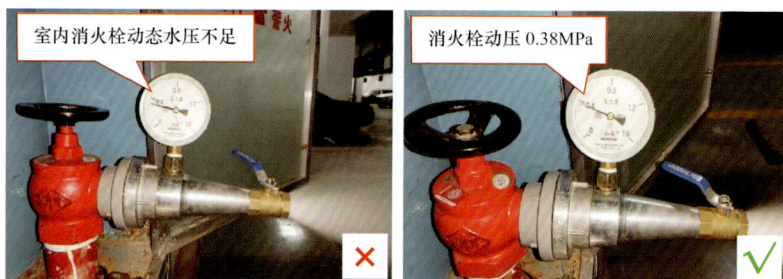

室内消火栓动态水压不足 ✕

消火栓动压 0.38MPa ✓

依据《消防给水及消火栓系统技术规范》（GB 50974—2014）第 7.2.8 条，当市政给水管网设有市政消火栓时，其平时运行工作压力不应小于 0.14MPa。

依据《消防给水及消火栓系统技术规范》（GB 50974—2014）第 7.4.12 条，高层建筑、厂房、库房和室内净空高度超过 8m 的民用建筑等场所，消火栓栓口动压不应小于 0.35MPa；其他场所，消火栓栓口动压不应小于 0.25MPa。

问题 50 电磁阀的接线采用直接缠绕方式。

缠绕式接线 ✕

采用导线连接器 ✓

依据《建筑电气工程施工质量验收规范》（GB 50303—2015）第 17.2.3 条，截面积 $6mm^2$ 及以下铜芯导线间的连接应采用导线连接器或缠绕搪锡连接。

问题 51 建筑消防设施未每年进行检测。

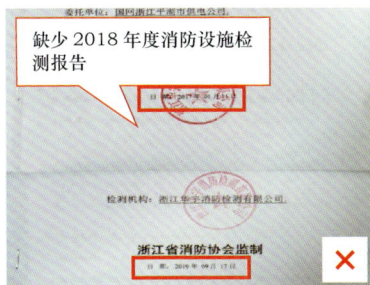

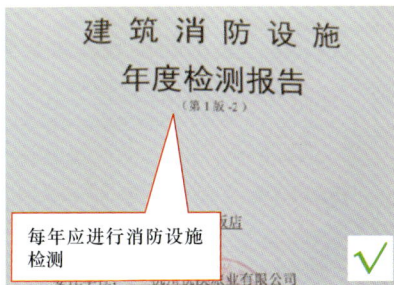

缺少 2018 年度消防设施检测报告

✕

建筑消防设施年度检测报告
（第 1 版 -2）

每年应进行消防设施检测

✓

依据《中华人民共和国消防法》（主席令第 29 号）第十六条第三项，对建筑消防设施每年至少进行一次全面检测，确保完好有效，检测记录应当完整准确，存档备查。

问题 52 消防设施年度检测内容不完整。

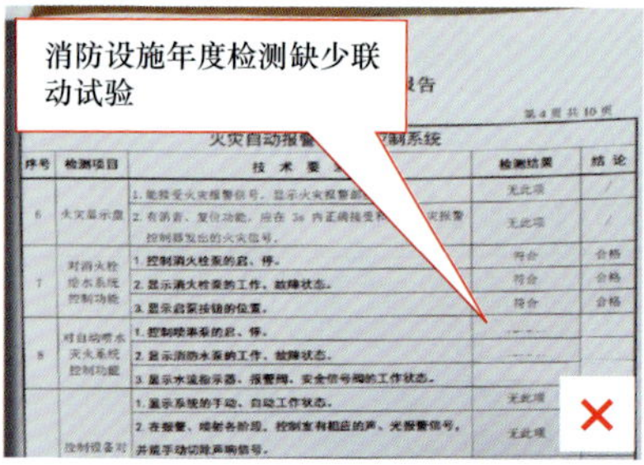

消防设施年度检测缺少联动试验

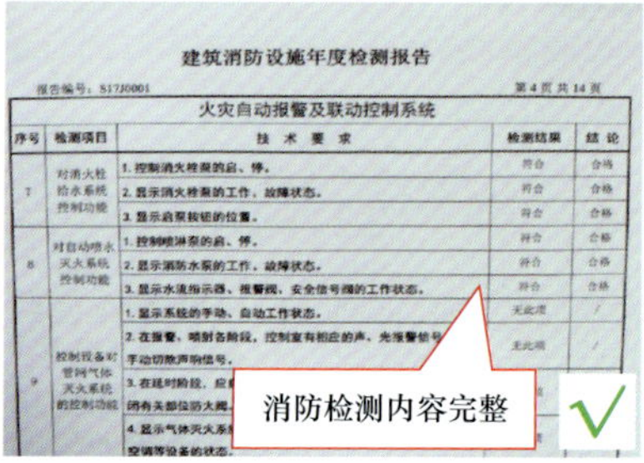

消防检测内容完整

依据《建筑消防设施的维护管理》（GB 25201—2010）第 7.1.1 条，建筑消防设施应每年至少检测一次，检测对象包括全部系统设备、组件等。

消防设施年度检测报告无 CMA 印章。

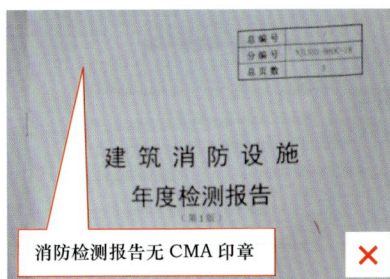

消防检测报告无 CMA 印章 ✗

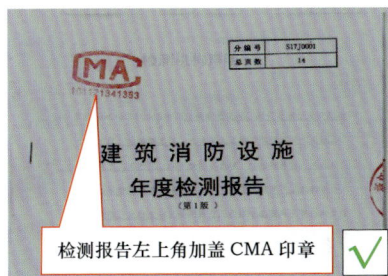

检测报告左上角加盖 CMA 印章 ✓

相关规定：

依据《中华人民共和国计量法》（2018 年修正）第二十二条，为社会提供公证数据的产品质量检验机构，必须经省级以上人民政府计量行政部门对其计量检定、测试的能力和可靠性考核合格。

消防设施年度检测完成后，相关单位应出具含有 CMA 标记的检验报告。含有 CMA 标记的检验报告可用于产品质量评价、成果及司法鉴定，具有法律效力。

第三节
消防设备设施标志标识

消防设备设施标志标识应符合《中华人民共和国消防法》（主席令第 29 号）第十六条规定：机关、团体、企业、事业等单位应按照国家标准、行业标准配置消防设施、器材，设置消防安全标志，并定期组织检验、维修，确保完好有效。

问题 54 消防重点部位如蓄电池室、通信机房、控制室、档案室、配电室等出入口未设置防火警示标识牌。

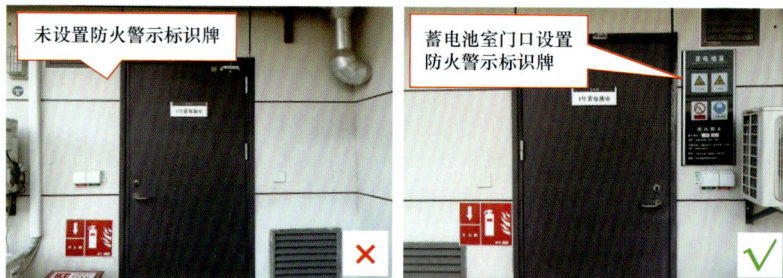

未设置防火警示标识牌

蓄电池室门口设置防火警示标识牌

相关规定：

依据《机关、团体、企业、事业单位消防安全管理规定》（公安部令第 61 号）第十九条，单位应当将容易发生火灾、一旦发生火灾可能严重危及人身和财产安全以及对消防安全有重大影响的部位确定为消防安全重点部位，设置明显的防火标志，实行严格管理。

依据《电力设备典型消防规程》（DL 5027—2015）第 4.2.3 条，消防安全重点部位应当建立岗位防火职责，设置明显的防火标志，并在出入口位置悬挂防火警示标示牌。标示牌的内容应包括消防安全重点部位的名称、消防管理措施、灭火和应急疏散方案及防火责任人。

问题 55 灭火器箱缺少部分标志标识。

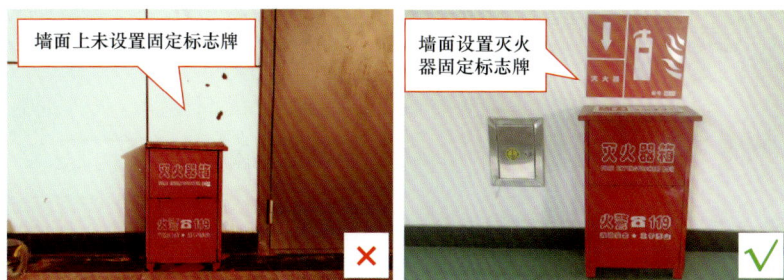

墙面上未设置固定标志牌

×

墙面设置灭火器固定标志牌

✓

相关规定：

依据《电力设备典型消防规程》（DL 5027—2015）第 14.2.8 条，灭火器箱前部应标注"灭火器箱、火警电话、厂内火警电话、编号"信息，箱体正面和灭火器设置点附近的墙面上应设置指示灭火器位置的固定标志牌，并宜选用发光标志。

问题 56　主变压器泡沫喷淋系统泡沫液未标明有效期等关键信息。

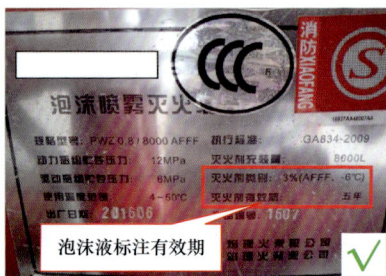

未标明泡沫液有效期等关键信息　✕

泡沫液标注有效期　✓

相关规定：

依据《泡沫喷雾灭火装置》（GA 834—2009）第5.1.3.4条，铭牌应牢固地设置在装置明显部位，注明产品名称、型号规格、瓶组贮存压力、执行标准代号、灭火剂充装量、灭火剂类别、灭火剂有效期、使用温度范围、生产单位、产品编号、出厂日期等内容。

问题 57　消火栓箱上缺少操作方法说明。

消火栓箱缺少操作方法标识　✕

消火栓箱张贴操作方法　✓

依据《消火栓箱》（GB/T 14561—2019）第 8.3 条，消火栓箱的明显部位应采用耐久性文字或图形标注其操作说明。操作说明至少应包括以下内容：

（1）箱门的开启方法。

（2）消火栓按钮的开启方法。

（3）箱内消防器材的取出及连接步骤。

（4）室内消火栓的开启方法。

（5）操作消防软管卷盘时必要的动作。

（6）描述箱内消防器材使用时的操作程序。

问题 58 消防给水管道外观未标明水流方向指示，未刷红色油漆或涂红色环圈标志。

无水流方向指示 ✗

给水管道水流方向指示清晰 ✓

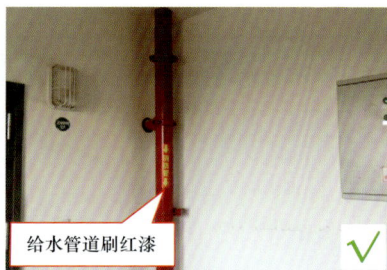

给水管道未刷红漆或
涂红色环圈标志 ✗

给水管道刷红漆 ✓

相关规定：

　　依据《消防给水及消火栓系统技术规范》（GB 50974—2014）第 12.3.24 条，消防水系统的架空管道外应标明水流方向指示，并应刷红色油漆或涂红色环圈标志。红色环圈标志，宽度不应小于 20mm，间隔不宜大于 4m，在一个独立的单元内环圈不宜少于 2 处。

问题 59　　未在消防水泵控制柜明显位置设置标志牌和控制原理图。

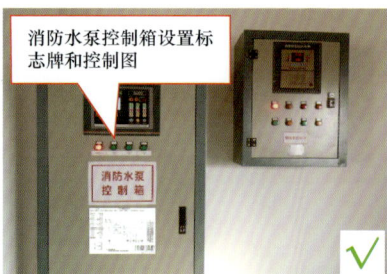

消防水泵控制柜未设置
标志牌和控制原理图 ✗

消防水泵控制箱设置标
志牌和控制图

消防水泵
控制箱 ✓

依据《消防给水及消火栓系统技术规范》（GB 50974—2014）第 12.2.7 条，消防水泵控制柜的明显部位应设置标志牌和控制原理图等。

问题 60 报警阀组、管道的阀门未设置明显标识。

相关规定：

依据《消防给水及消火栓系统技术规范》（GB 50974—2014）14.0.12 条，消火栓、消防水泵接合器、消防水泵房、消防水泵、减压阀、报警阀和阀门等，应有明确的标识。

建立消防档案时，应遵守《机关、团体、企业、事业单位消防安全管理规定》（公安部令第 61 号）第四十一条规定：消防安全重点单位应当建立健全消防档案。消防档案应当包括消防安全基本情况和消防安全管理情况。消防档案应当详实，全面反映单位消防工作的基本情况，并附有必要的图表，根据情况变化及时更新。

问题 61 消防系统改变后未及时修订运行规程，导致内容与现场不符。

相关规定：

依据《机关、团体、企业、事业单位消防安全管理规定》（公安部令第 61 号）第十八条，单位应当按照国家有关规定，结合本单位的特点，建立健全各项消防安全制度和保障消防安全的操作规程，并公布执行。应根据单位机构调整、设备增减、变动等情况及时修改完善制度。

依据《电力设备典型消防规程》（DL 5027—2015）第 4.1.1 条第一款，消防安全管理制度应包括各级和各岗位消防安全职责、消防安全责任制考核、动火管理、消防安全操作规定、消防设施运行规程、消防设施检修规程。

问题 62 设有联动控制火灾自动报警控制系统的生产办公场所、变电站等无纸质版的消防档案资料。

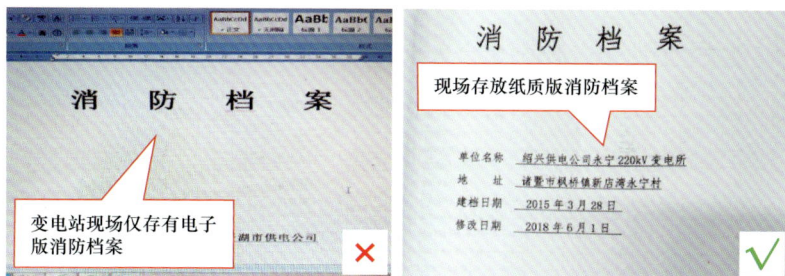

变电站现场仅存有电子版消防档案 ✗

消 防 档 案
现场存放纸质版消防档案
单位名称 绍兴供电公司永宁220kV变电所
地　　址 诸暨市枫桥镇新店湾永宁村
建档日期 2015年3月28日
修改日期 2018年6月1日 ✓

相关规定：

依据《火灾自动报警系统设计规范》（GB 50116—2013）第3.4.1，具有消防联动功能的火灾自动报警系统的保护对象中应设置消防控制室。

依据《消防控制室通用技术要求》（GB 25506—2010）第4.1条，消防控制室内应保存下列纸质和电子档案资料：

（1）建（构）筑物竣工后的总平面布局图、建筑消防设施平面布置图、建筑消防设施系统图及安全出口布置图、重点部位位置图等。

（2）消防安全管理规章制度、应急灭火预案、应急疏散预案等。

（3）消防安全组织结构图，包括消防安全责任人、管理人、专职、义务消防人员等内容。

（4）消防安全培训记录、灭火和应急疏散预案的演练记录。

（5）值班情况、消防安全检查情况及巡查情况的记录。

（6）消防设施一览表，包括消防设施的类型、数量、状态等内容。

（7）消防系统控制逻辑关系说明、设备使用说明书、系统操作规程、系统和设备维护保养制度等。

（8）设备运行状况、接报警记录、火灾处理情况、设备检修检测报告等资料，这些资料应能定期保存和归档。

问题 63 消防档案内容不全，缺少平面图、消防设施检测保养记录、法律文书等。

相关规定：

依据《机关、团体、企业、事业单位消防安全管理规定》（公安部令第 61 号）第四十一条，消防档案应当包括消防安全基本情况和消防安全管理情况。

依据《机关、团体、企业、事业单位消防安全管理规定》（公安部令第 61 号）第四十二条，消防安全基本情况应当包括以下内容：

（1）单位基本概况和消防安全重点部位情况。

（2）建筑物或者场所施工、使用或者开业前的消防设计审核、消防验收以及消防安全检查的文件、资料。

（3）消防管理组织机构和各级消防安全责任人。

（4）消防安全制度。

（5）消防设施、灭火器材情况。

（6）专职消防队、义务消防队人员及其消防装备配备情况。

（7）与消防安全有关的重点工种人员情况。

（8）新增消防产品、防火材料的合格证明材料。

（9）灭火和应急疏散预案。

依据《机关、团体、企业、事业单位消防安全管理规定》（公安部令第 61 号）第四十三条，消防安全管理情况应当包括以下内容：

（1）公安消防机构填发的各种法律文书。

（2）消防设施定期检查记录、自动消防设施全面检查测试的报告以及维修保养的记录。

（3）火灾隐患及其整改情况记录。

（4）防火检查、巡查记录。

（5）有关燃气、电气设备检测（包括防雷、防静电）等记录资料。

（6）消防安全培训记录。

（7）灭火和应急疏散预案的演练记录。

（8）火灾情况记录。

（9）消防奖惩情况记录。

第五节
防火检查

进行防火检查时，应遵守《机关、团体、企业、事业单位消防安全管理规定》（公安部令第 61 号）第二十五条规定：消防安全重点单位应当进行每日防火巡查，并确定巡查的人员、内容、部位和频次。其他单位可以根据需要组织防火巡查。

第二十六条：机关、团体、事业单位应当至少每季度进行一次防火检查，其他单位应当至少每月进行一次防火检查。

问题 64　防火巡查、检查的内容不齐全。

防火巡查缺少用火用电情况

防火巡查内容齐全

相关规定：

依据《电力设备典型消防规程》（DL 5027—2015）第 4.5.1 条，

单位应进行每日防火巡查，并确定巡查的人员、内容、部位和频次。防火巡查应包括下列内容：

（1）用火、用电有无违章；安全出口、疏散通道是否畅通，安全疏散指示标志、应急照明是否完好；消防设施、器材情况。

（2）消防安全标志是否在位、完整；常闭式防火门是否处于关闭状态，防火卷帘下是否堆放物品影响使用等消防安全情况。

（3）防火巡查人员应当及时纠正违章行为，妥善处理发现的问题和火灾危险，无法当场处置的，应当立即报告。发现初起火灾应立即报警并及时扑救。

（4）防火巡查应填写巡查记录，巡查人员及其主管人员应在巡查记录上签名。

依据《电力设备典型消防规程》（DL 5027—2015）第 4.5.2 条，单位应至少每月进行一次防火检查。防火检查应包括下列内容：

（1）火灾隐患的整改以及防范措施的落实；安全疏散通道、疏散指示标志、应急照明和安全出口；消防车通道、消防水源；用火、用电有无违章情况。

（2）重点工种人员以及其他员工消防知识的掌握；消防安全重点部位的管理情况；易燃易爆危险物品和场所防火防爆措施的落实以及其他重要物资的防火安全情况。

（3）消防控制室值班和消防设施运行、记录情况；防火巡查；消防安全标志的设置和完好、有效情况；电缆封堵、阻火隔断、防火涂层、槽盒是否符合要求。

（4）消防设施日常管理情况，是否放在正常状态，建筑消防设施每年检测；灭火器材配置和管理；动火工作执行动火制度；开展消防安全学习教育和培训情况。

（5）灭火和应急疏散演练情况等需要检查的内容。

（6）发现问题应及时处置。防火检查应当填写检查记录。检查人员和被检查部门负责人应当在检查记录上签名。

问题 65 防火检查记录不完整，相关管理人员未签名。

防火检查人员未签名

检查人员、被检查部门负责人签字齐全

相关规定：

依据《电力设备典型消防规程》（DL 5027—2015）4.5 条，防火巡查应填写巡查记录，巡查人员及其主管人员应在巡查记录上签名。

防火检查应当填写检查记录。检查人员和被检查部门负责人应当在检查记录上签名。

问题 66 动火作业未使用动火工作票。

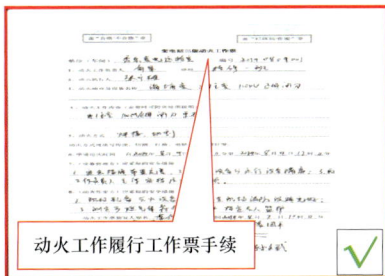

动火未使用工作票，无监护 ✕

动火工作履行工作票手续 ✓

相关规定：

依据《电力设备典型消防规程》（DL 5027—2015）5.3.1 条，动火作业应落实动火安全组织措施，动火安全组织措施应包括动火工作票、工作许可、监护、间断和终结等措施。

问题 67 消防疏散通道堵塞。

疏散楼梯堆放杂物 ✕

疏散楼梯畅通 ✓

依据《中华人民共和国消防法》（主席令第 29 号）第十六条第四款，保障疏散通道、安全出口、消防车通道畅通，保证防火防烟分区、防火间距符合消防技术标准。

问题 68 消防车道、登高场地被占用。

消防车道被车辆占用 ✕

消防车道畅通 ✓

登高场地被车辆占用 ✕

登高场地畅通 ✓

相关规定：

依据《中华人民共和国消防法》（主席令第 29 号）第十六条，保障疏散通道、安全出口、消防车通道畅通，保证防火防烟分区、防火间距符合消防技术标准。

问题 69 电动车违规停放、充电。

电动车在楼梯口充电

✗

集中充电并加装保护装置

✓

相关规定：

依据中华人民共和国公安部《关于规范电动车停放充电加强火灾防范的通告》，公民应当将电动车停放在安全地点，充电时应当确保安全。严禁在建筑内的共用走道、楼梯间、安全出口处等公共区域停放电动车或者为电动车充电。公民应尽量不在个人住房内停放电动车或为电动车充电；确需停放和充电的，应当落实隔离、监护等防范措施，防止发生火灾。

问题 70 常闭防火门处在开启状态。

常闭防火门处于常开状态 ✕

常闭防火门保持"常闭" ✓

相关规定：

依据《机关、团体、企业、事业单位消防安全管理规定》（公安部令第 61 号）第三十一条，常闭式防火门处于开启状态，防火卷帘下堆放物品影响使用的，单位应当责成有关人员当场改正并督促落实。

设置在建筑内经常有人通行处的防火门宜采用常开防火门；除允许设置常开防火门的位置外，其他位置的防火门均应采用常闭防火门。

问题 71 灭火器或消火栓被遮挡。

消火栓被遮挡 ✗

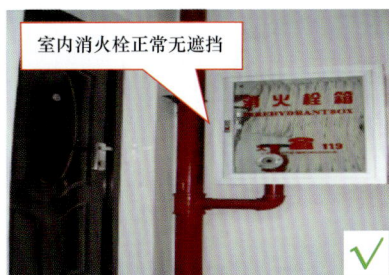

室内消火栓正常无遮挡 ✓

相关规定：

依据《中华人民共和国消防法》（主席令第 29 号）第二十八条，任何单位、个人不得损坏、挪用或者擅自拆除、停用消防设施、器材，不得埋压、圈占、遮挡消火栓或者占用防火间距，不得占用、堵塞、封闭疏散通道、安全出口、消防车通道。人员密集场所的门窗不得设置影响逃生和灭火救援的障碍物。

问题 72 水泵接合器前设有障碍物，影响正常使用。

水泵接合器被绿化遮挡 ✕

水泵接合器正常无遮挡 ✓

相关规定：

依据《消防给水及消火栓系统技术规范》（GB 50974—2014）第 12.3.6 条，消火栓水泵接合器与消防通道之间不应设有妨碍消防车加压供水的障碍物。

问题 73 灭火器（干粉、水基、CO_2）超期或压力不足。

干粉灭火器压力在红区 ✕

灭火器压力在绿区正常状态 ✓

依据《中华人民共和国消防法》（主席令第 29 号）第十六条，按照国家标准、行业标准配置消防设施、器材，设置消防安全标志，并定期组织检验、维修，确保完好有效。

依据《建筑灭火器配置验收及检查规范》（GB 50444—2008）第 5.3.2 条、第 5.4.3 条，灭火器使用周期详见下表：

灭火器的使用周期			
灭火器类型	首次维修	后续维修	报废期限
水基型灭火器	3 年	每年一次	6 年
干粉灭火器	5 年	两年一次	10 年
洁净气体灭火器			
CO_2 灭火器			12 年

问题 74　防火卷帘下方堆放杂物。

防火卷帘下方堆放杂物

防火卷帘下方无妨碍启闭的物品

依据《防火卷帘、防火门、防火窗施工及验收规范》（GB 50877—2014）第 8.0.5 条，每日应对防火卷帘下部、常开式防火门门口处、活动式防火窗窗口处进行一次检查，并应清除妨碍设备启闭的物品。

问题 75 重要场所随意存放易燃物。

仓库内随意摆放充满汽油的油桶 ✕

危化品专用存储柜存放 ✓

依据《危险化学品安全管理条例》（国务院令第 645 号）第二十四条，危险化学品应当存储在专用仓库、专用场地或者专用存储室内，并由专人负责管理。

危险化学品的储存方式、方法及存储数量应当符合国家标准或者国家有关规定。

问题 76

乙炔瓶室外放置曝晒。

乙炔瓶存放通风，阴凉且有效固定

乙炔不可近火

✓

相关规定：

依据《溶解乙炔气瓶安全监察规程》（GB 50974—2014）第六十一条，运输、存储和使用乙炔瓶时，应避免烘烤和曝晒，环境温度一般不超过40℃。不能保证时，应采取遮阳或喷淋措施降温。

依据《溶解乙炔气瓶》（GB 11638—2011）第9.5条，乙炔瓶应储存在通风、干燥、不受日光曝晒和没有腐蚀介质的地方。

问题 77

电焊等特种作业人员未持证上岗。

焊接施工未持证上岗

✗

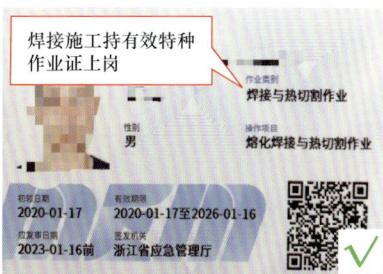

焊接施工持有效特种作业证上岗

作业类别
焊接与热切割作业

操作项目
熔化焊接与热切割作业

性别
男

初领日期
2020-01-17

有效期限
2020-01-17至2026-01-16

应复审日期
2023-01-16前

复审机关
浙江省应急管理厅

✓

依据《中华人民共和国消防法》（主席令第29号）第二十一条，禁止在具有火灾、爆炸危险的场所吸烟、使用明火。因施工等特殊情况需要使用明火作业的，应当按照规定事先办理审批手续，采取相应的消防安全措施；作业人员应当遵守消防安全规定。

进行电焊、气焊等具有火灾危险作业的人员和自动消防系统的操作人员，必须持证上岗，并遵守消防安全操作规程。

第三章
消防应急管理典型问题
CHAPTER3

第一节
消防应急预案管理

进行消防应急预案管理时，应遵守《中华人民共和国消防法》（主席令第 29 号）第十六条规定：机关、团体、企业、事业等单位应当履行下列消防安全职责：落实消防安全责任制，制定本单位的消防安全制度、消防安全操作规程，制定灭火和应急疏散预案，组织进行有针对性的消防演练等。

问题 78　消防应急预案修订更新不及时。

相关规定：

依据《生产安全事故应急预案管理办法》（应急部令第 2 号）第三十六条，有下列情形之一的，应急预案应当及时修订并归档：

（1）依据的法律、法规、规章、标准及上级预案中的有关规定发生重大变化的。

（2）应急指挥机构及其职责发生调整的。

（3）安全生产面临的风险发生重大变化的。

（4）重要应急资源发生重大变化的。

（5）在应急演练和事故应急救援中发现需要修订预案的重大问题的。

（6）编制单位认为应当修订的其他情况。

依据《社会单位灭火和应急疏散预案编制及实施导则》（GB/T 38315—2019）第5.5条，预案修订工作应安排专人负责，根据单位和场所生产经营储存性质、功能分区的改变及日常检查巡查、预案演练和实施过程中发现的问题，及时修订预案，确保预案适应单位基本情况。

问题 79 灭火应急预案未明确具体灭火措施，针对性不足，操作性不强。

相关规定：

依据《电力设备典型消防规程》（DL 5027—2015）第三十九条，消防安全重点单位制定的灭火和应急疏散预案应当包括下列内容：

（1）组织机构，包括：灭火行动组、通信联络组、疏散引导组、安全防护救护组。

（2）报警和接警处置程序。

（3）应急疏散的组织程序和措施。

（4）扑救初起火灾的程序和措施。

（5）通信联络、安全防护救护的程序和措施。

问题 80 消防重点单位如调度大楼、酒店等消防演练未按照每半年不少于一次开展。

相关规定：

依据《机关、团体、企业、事业单位消防安全管理规定》（公安部令第 61 号）第四十条，消防安全重点单位应当按照灭火和应急疏散预案，至少每半年进行一次演练，并结合实际，不断完善预案。其他单位应当结合本单位实际，参照制定相应的应急方案，至少每年组织一次演练。

问题 81 消防演练缺少总结评估。

相关规定：

依据《社会单位灭火和应急疏散预案编制及实施导则》（GB/T 38315—2019）第 7.3.4.4 条，演练结束后，指挥机构应组织相关部门或人员总结讲评会议，全面总结消防演练情况，提出改进意见，形成书面报告，通报全体承担任务人员。总结报告应包括以下内容：

（1）通过演练发现的主要问题。

（2）对演练准备情况的评价。

（3）对预案有关程序、内容的建议和改进意见。

（4）对训练、器材设备方面的改进意见。

（5）演练的最佳顺序和时间建议。

（6）对演练情况设置的意见。

（7）对演练指挥机构的意见等。

第二节
微型消防站建设

　　微型消防站建设应遵守《消防安全重点单位微型消防站建设标准（试行）》（公消〔2015〕301号）规定：微型消防站以救早、灭小和"3min到场"扑救初起火灾为目标，依托单位志愿消防队伍，配备必要的消防器材，建立重点单位微型消防站，积极开展防火巡查和初起火灾扑救等火灾防控工作。

问题 82 消控值班人员、微站人员个人器材如灭火器、消防水带、空气呼吸器等使用不熟练。

相关人员不熟悉空气呼吸器使用 ✕

可正确穿戴使用空气呼吸器 ✓

依据《电力设备典型消防规程》（DL 5027—2015）第 3.6.1 条，志愿消防队应掌握各类消防设施、消防器材和正压式消防空气呼吸器等的适用范围和使用方法。

问题 83 微型消防站器材装备选址放置位置不合适。

装备位置较狭窄，不便于应急取用 ✕

装备放置符合应急要求 ✓

相关规定：

依据《消防安全重点单位微型消防站建设标准（试行）》（公消〔2015〕301 号）第五项"值守联动"要求，单位微型消防站选址应遵循"便于出动、全面覆盖"的原则，选择便于人员车辆出动、3min 可到达单位任意地点的场地。

问题 84 消控值班人员火情应急处置流程不熟练。

相关规定：

依据《消防控制室通用技术要求》（GB 25506—2010）第 4.2.2 条，消防控制室的值班应急程序应符合下列要求：

（1）接到火灾警报后，值班人员立即以最快方式确认。

（2）火灾确认后，值班人员应立即确认火灾报警联动控制开关处于自动状态，同时拨打 119 报警，报警时应说明着火单位地点、起火部位、着火物种类、火势大小、报警人姓名和联系电话。

（3）值班人员应立即启动单位内部应急疏散和灭火预案，并同时报告单位负责人。

第三节
灭火及疏散

灭火及疏散时，应遵守《机关、团体、企业、事业单位消防安全管理规定》（公安部令第 61 号）规定：单位应当按照国家有关规定开展消防安全宣传教育培训工作和有针对性的应急疏散演练，提高本单位人员预防火灾、扑救初起火灾、疏散逃生自救等能力。

问题 85 消防水泵现场控制开关打在"手动"位置。

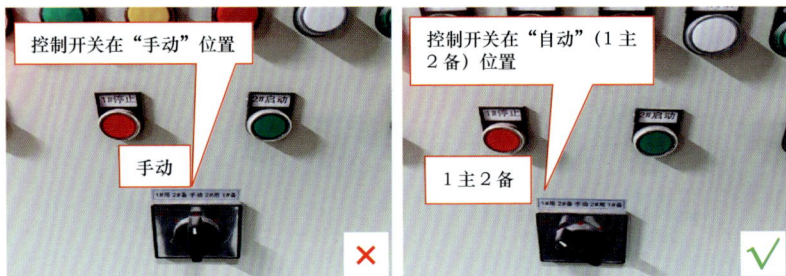

控制开关在"手动"位置

手动

❌

控制开关在"自动"（1主2备）位置

1主2备

✓

相关规定：

依据《消防给水及消火栓系统技术规范》（GB 50974—2014）第 11.0.1 条，消防水泵控制柜在平时应使消防水泵处于自动启泵状态。

问题 86 气体灭火系统启动气瓶电磁阀保险销未拔下。

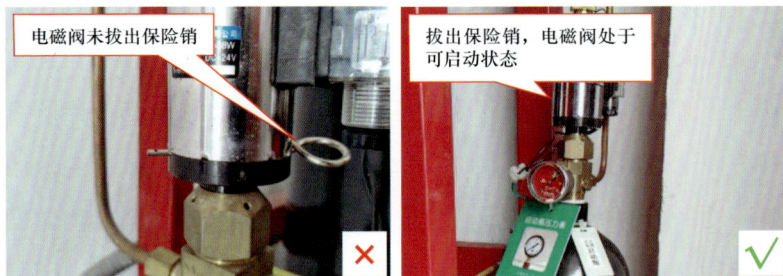

电磁阀未拔出保险销

❌

拔出保险销，电磁阀处于可启动状态

✓

依据《气体灭火系统施工及验收规范》(GB 50263—2007)第 7.4.1 条，正常运行下启动气瓶电磁阀下端的保险销应拔除。

问题 87　水喷雾系统供水阀门关闭。

供水阀门关闭　✗

供水阀门打开　✓

依据《水喷雾灭火系统技术规范》(GB 50219—2014)第 10.0.6 条，系统上所有手动控制阀门均应采用铅封或锁链固定在开启或规定的状态。

问题 88　消防联动控制器无法联动切断门禁系统电源。

依据《火灾自动报警系统设计规范》（GB 50116—2013）第 4.10.3 条，消防联动控制器应具有打开疏散通道上由门禁系统控制的门和庭院电动大门的功能，并应具有打开停车场出入口挡杆的功能。

问题 89　火灾时乘坐普通电梯。

发生火灾，逃生人员乘坐普通电梯　✕

发生火灾，应从安全楼梯疏散　✓

依据《特种设备安全管理》第五章，发生火灾时逃生人员不得乘坐普通电梯，应从安全出口楼梯疏散。

问题 90 火灾报警内容缺失。

火灾报警漏报着火物种类、起火部位

火灾报警内容齐全

火灾报警程序

现场发生火情并得到确认后，人员第一时间汇报值班长，值班长在组织人员现场初期处置的同时要求中控室密切关注系统，中控室副值班长指定1名人员报火警。

首先拨打电话"119"：讲清自己的姓名和电话号码；讲清起火单位和详细地址；讲清起火部位，什么物质着火，着火程度；讲清消防通道，然后到十字路口接消防车。

火灾起黄心慌 速起火速报警

相关规定：

依据《消防控制室通用技术要求》（GB 25506—2010）第4.2.2条，消防控制室的值班应急程序应符合下列要求：

火灾确认后，拨打119报警时应说明着火单位地点、起火部位、着火物种类、火势大小、报警人姓名和联系电话。

问题 91 确认火灾后，消防主机未处于自动状态。

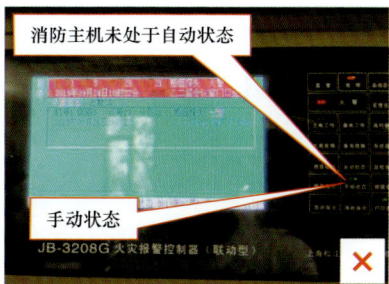

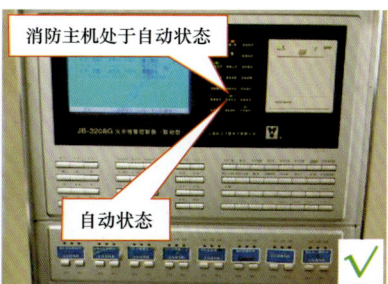

消防主机未处于自动状态

手动状态

JB-3208G 火灾报警控制器（联动型）

消防主机处于自动状态

自动状态

JB-3208G 火灾报警控制器 联动型

依据《消防控制室通用技术要求》(GB 25506—2010)第 4.2.2 条，消防控制室的值班应急程序应符合下列要求：

火灾确认后，值班人员应立即确认火灾报警联动控制开关处于自动状态。

第四节
火灾调查

火灾调查时，应遵守《公安部关于修改〈火灾事故调查规定〉的决定》第三条规定：火灾事故调查的任务是调查火灾原因，统计火灾损失，依法对火灾事故作出处理，总结火灾教训。

问题 92 火灾扑灭后未保护现场。

火灾现场人员随意出入 ✗

火灾现场封闭并张贴公告 ✓

依据《中华人民共和国消防法》（主席令第 29 号）第五十一条，消防救援机构有权根据需要封闭火灾现场，负责调查火灾原因，统计火灾损失。

火灾扑灭后，发生火灾的单位和相关人员应当按照消防救援机构的要求保护现场，接受事故调查，如实提供与火灾有关的情况。

附表 1　水雾喷头分类及规格型号

型号标记	ZSTW □ □/□/□ ┗━ 闭式水雾喷头动作温度（℃），没有则表示开式喷头 ┗━ 雾化角（°） ┗━ 公称流量系数 ┗━ 分类代号，用大写英文字母 A、B、C… 表示，指 A 型、B 型、C 型以及其他类型水雾喷头 ┗━ 自动喷水灭火系统水雾喷头	
分类	A 型	进水口与出水口成一定角度的离心雾化喷头
	B 型	进水口与出水口在一条直线上的离心雾化喷头
	C 型	由于撞击作用而产生雾化的喷头
雾化角	45°	
	60°	
	90°	
	120°	
	150°	
	除此以外，允许使用其他雾化角的水雾喷头	
型号举例	ZSTW A40/120 表示 A 型水雾喷头，公称流量系数为 40，雾化角为 120° 的自动喷水灭火系统水雾喷头	

附表 2 消防水泵规格型号

型号组成

□□ □ □/□ □ □-□□□

企业自定义代号
辅助特征代号
用途特征代号
主参数
泵组特征代号
泵特征代号

特征		代号
泵特征	车用消防泵	CB
	船用消防泵	HB
	手抬机动消防泵组	JB
	工程用消防泵	XB
	其他用消防泵	TB
泵组特征	柴油机	C
	电动机	D
	燃气轮机	R
	汽油机	Q
主参数	压力/流量	10×额定压力/额定流量
用余特征	稳压	W
	供水	G
	供泡沫液	P
辅助特征	深井泵	J
	潜水泵	Q
	普通泵	—

附表 3　防火门规格型号

名称	耐火性能（h）		代号
隔热防火门 （A类）	耐火隔热性≥0.50 耐火完整性≥0.50		A0.50（丙级）
	耐火隔热性≥1.00 耐火完整性≥1.00		A1.00（乙级）
	耐火隔热性≥1.50 耐火完整性≥1.50		A1.50（甲级）
	耐火隔热性≥2.00 耐火完整性≥2.00		A2.00
	耐火隔热性≥3.00 耐火完整性≥3.00		A3.00
部分隔热防火门 （B类）	耐火隔热性 ≥0.50	耐火完整性≥1.00	B1.00
		耐火完整性≥1.50	B1.50
		耐火完整性≥2.00	B2.00
		耐火完整性≥3.00	B3.00
非隔热防火门 （C类）	耐火完整性≥1.00		C1.00
	耐火完整性≥1.50		C1.50
	耐火完整性≥2.00		C2.00
	耐火完整性≥3.00		C3.00

附表 4　防火门使用场所

分类		使用场所
A 类	甲级防火门	变电站：变压器室、配电装置室等室内疏散门；电缆隧道的防火墙上的门；柴油发电机房与其他建筑物合建时，柴油发电机房的门；地下油浸变压器室门。 水电站：油浸式变压器室、油浸式电抗器室、油浸式消弧线圈室、绝缘油油罐室、透平油油罐室及油处理室、柴油发电机室及其储油间防火墙上的门；继电保护盘室、辅助盘室、自动和运动装置室、电子计算机房、通信室防火隔墙上的门；中央控制室防火隔墙上的门；消防水泵房；消防疏散电梯的前室或合用前室与主厂房或疏散廊道之间的防火隔间通往两个相邻区域隔墙上的门；油罐室的门。 调度大楼：与中庭相连通的门；锅炉房及其储油间的门；放置供建筑内使用的丙类液体燃料中间罐的房间门；避难层管道井和设备间的门；防火隔间的门；消防电梯井、机房与相邻电梯井、机房之间隔墙上的门
	乙级防火门	变电站：主厂房及辅助厂房通向室外楼梯的疏散门；电子设备间、发电机出线小室、电缆夹层、电缆竖井等室内疏散门；主厂房各车间隔墙上的门；集中控制室隔墙上的门；干式变压器室、电容器室通向公共走道的门；蓄电池室、电缆夹层、继电器室、通信机房、配电装置室的门，当门外为公共走道或其他房间时；配电装置室的中间隔墙上的门；变压器室、配电装置室、电子设备间、发电机出线小室、电缆夹层、电缆竖井房间中间隔墙上的门应采用乙级防火门。 水电站：消防控制室、固定灭火装置室的门；大坝坝体内的楼梯间、电梯间与大坝电缆廊道连接处前室的门；水电工程中除了油浸式变压器室、油浸式电抗器室、油浸式消弧线圈室、绝缘油油罐室、透平油油

分类		使用场所
A 类	乙级防火门	罐室及油处理室、柴油发电机室及其储油间、继电保护盘室、辅助盘室、自动和运动装置室、电子计算机房、通信室外其他丙类生产场所隔墙上的门。 调度大楼：电梯候梯厅与汽车库隔墙上的门；民用建筑内的附属库房，剧场后台的辅助用房与其他部位分隔墙上的门；疏散走道通向防烟楼梯间的前室以及前室通向楼梯间的门；封闭楼梯间的门；防烟楼梯间扩大的前室与其他走道和房间分隔墙上的门；地下或半地下部分与地上部分共用楼梯间时在首层设置的分隔墙上的门；通向室外楼梯的门；消防电梯前室或合用前室的门
	丙级防火门	水电站：大坝坝体内的楼梯间、电梯间与大坝一般廊道连接处前室的门；动力电缆和控制电缆通道防火分隔上的门。 调度大楼：电缆井、管道井、排烟道、排气道、垃圾道等竖向井道井壁上的检查门
B 类		水利工程的电缆隧道、电缆沟、电缆室的防火分隔物上的门
C 类		少量特殊场所

附表 5　设备防爆标志及防爆级别

防爆铭牌			
防爆标志	Ex	防爆电气设备标识	
	d	隔爆外壳	
	II	爆炸性气体环境用设备	
	C	氢气环境	
	T6	气体引燃温度大于 85℃	
	Gb	设备保护级别	

				蓄电池室电气设备适用级别					
序号	物质名称	分子式	级别	引燃温度组别	引燃温度（℃）	闪点（℃）	爆炸极限 V（%）下限	上限	相对密度
				II C 级					
151	氢	H_2	II C	T1	500	气态	4.00	75.00	0.10

附表6 需要进行消防设计审查、验收的工程

《建设工程消防设计审查验收管理暂行规定》（住建部令第51号）	
特殊建设工程	① 总建筑面积大于20000m² 的体育场馆、会堂，公共展览馆、博物馆的展示厅
	② 总建筑面积大于15000m² 的民用机场航站楼、客运车站候车室、客运码头候船厅
	③ 总建筑面积大于10000m² 的宾馆、饭店、商场、市场
	④ 总建筑面积大于2500m² 的影剧院，公共图书馆的阅览室，营业性室内健身、休闲场馆，医院的门诊楼，大学的教学楼、图书馆、食堂，劳动密集型企业的生产加工车间，寺庙、教堂
	⑤ 总建筑面积大于1000m² 的托儿所、幼儿园的儿童用房，儿童游乐厅等室内儿童活动场所，养老院、福利院，医院、疗养院的病房楼，中小学校的教学楼、图书馆、食堂，学校的集体宿舍，劳动密集型企业的员工集体宿舍
	⑥ 总建筑面积大于500m² 的歌舞厅、录像厅、放映厅、卡拉ＯＫ厅、夜总会、游艺厅、桑拿浴室、网吧、酒吧，具有娱乐功能的餐馆、茶馆、咖啡厅
	⑦ 国家工程建设消防技术标准规定的一类高层住宅建筑
	⑧ 城市轨道交通、隧道工程，大型发电、变配电工程
	⑨ 生产、储存、装卸易燃易爆危险物品的工厂、仓库和专用车站、码头，易燃易爆气体和液体的充装站、供应站、调压站
	⑩ 国家机关办公楼、电力调度楼、电信楼、邮政楼、防灾指挥调度楼、广播电视楼、档案楼
	⑪ 设有本表①～⑥所列情形的建设工程
	⑫ 本表⑩、⑪ 规定以外的单体建筑面积大于40000m² 或者建筑高度超过50m的公共建筑

附表 7 消控值班、维保检测资格证类别、从事工作范围、证书等级

证书类别	职业类别	工作范围	证书等级	备注
建（构）筑物消防员证	《建（构）筑物消防员》（劳社厅发〔2008〕1号）	建筑物、构筑物消防安全管理、消防安全检查和建筑消防设施操作与维护	五个等级，分别为：初级（五级）、中级（四级）、高级（三级）、技师（二级）、高级技师（一级）	
消防设施操作员证	《消防设施操作员国家职业技能标准》（人社厅发〔2019〕63号）	建（构）筑物消防设施监控、操作、日常保养和技术管理与培训等工作	消防设施监控操作职业方向：初级（五级）、中级（四级）、高级（三级）、技师（二级）	2020年1月1日起实施
		建（构）筑物消防设施的操作、保养、维修、检测和技术管理与培训等工作	消防设施检测维修保养职业方向分别为：中级（四级）、高级（三级）、技师（二级）、高级技师（一级）	
备注：依据《建（构）筑物消防员证》职业技能标准考核取得的国家职业资格证书依然有效，与同等级相应职业方向的《消防设施操作员》证书通用				